Mitarbeiterführung Auf den Punkt gebracht

Wie Du Dein Team zum Erfolg führst

Florian Thiem

1. Auflage

Kontakt: Julian + Fabian Möller / Endenicher Str. 302 / 53121 Bonn

Covergestaltung: Tim Frey

Coverfoto: depositphotos.com

ISBN: 9781790171507

Inhaltsverzeichnis

1 Einleitung

Was macht eine gute Führungskraft aus? Wie kannst du andere Menschen dazu bewegen, deiner Richtungsvorgabe als Führungspersönlichkeit mit Freude, einer gehörigen Portion Vertrauen und noch mehr Einsatzbereitschaft und Leistungswillen zu folgen? Wer Führungskompetenz entwickeln und an den Tag legen will, muss sich darüber im Klaren sein, dass alle dauerhaft erfolgreichen Führungsmethoden auf einem wichtigen Grundsatz aufbauen: Wertschätzung dem Mitarbeiter gegenüber und Vertrauen in seine Fähigkeiten. Jenseits von vielen, mitunter recht komplexen Führungstechniken legt der menschliche, wohlwollende Umgang miteinander somit den Grundstein für erfolgreiche Mitarbeiterführung und Motivation.

Wenn auch du als Führungskraft die dir anvertrauten Mitarbeiter im Sinne der verschiedensten Unternehmensziele auf deine Seite bringen willst, steht dir dieser Ratgeber als praktischer Guide zur Seite. Dabei wirst du feststellen, was für eine spannende und herausfordernde Aufgabe dich erwartet. Wer als

Führungspersönlichkeit Erfolg haben will, ist schließlich dazu aufgefordert, ständig über sich hinaus zu wachsen und Tag für Tag an sich zu arbeiten.

~

2 Warum ist eine gelungene Mitarbeiterführung so wichtig?

Wenn du nicht gerade als Solo-Unternehmer unterwegs bist, steht und fällt dein Erfolg als Unternehmer mit deinen Mitarbeitern. Erfolgreiches Personalmanagement ist neben der Auswahl der geeigneten Fachkräfte für die verschiedenen Positionen in einem Unternehmen einer der Schlüssel zu deinem unternehmerischen Erfolg. Mitarbeiter, die sich als wertvoller Bestandteil eines großen Ganzen ansehen, sind tendenziell leistungsbereiter. Das soll bedeuten, dass du durch die richtige Führung verborgene Kräfte in deinen Mitarbeitern hervorrufen kannst.

Selbstverständlich gibt es auch Angestellte, die sich selbst immer ihre bestmögliche Leistung abverlangen. Allerdings gibt es nur eine begrenzte Anzahl von Mitarbeitern, die derart intrinsisch motiviert sind und keine Motivation von außen brauchen. Viele Angestellte handeln vielmehr extrinsisch motiviert. Sie lassen sich zum Beispiel von Geld treiben. Aber auch ein positives Lob und die Anerkennung vom eigenen Chef und den Kollegen können wahre Wunder bewirken.

Dies dürfte dir bereits ein Gespür dafür vermitteln, warum dein Unternehmenserfolg so entscheidend von einer gelungenen Mitarbeiterführung abhängig ist. Indem du dein Team als respektvoller, würdiger Leader anführst, kannst du die Ertragssituation in eurem Unternehmen somit auf Dauer nicht nur festigen, sondern wirst sie im Idealfall sogar steigern können. Wenn deine Mitarbeiter in dir einen tollen Chef gefunden haben, zu dem sie aufschauen, von dem sie etwas lernen können oder der sie einfach nur wertschätzt, bleiben sie dem Unternehmen tendenziell länger treu.

Dieser Vorteil ist in Zeiten des ausgeprägten Fachkräftemangels in vielen Branchen nicht von der Hand zu weisen. Somit kannst du dir durch eine gelungene Mitarbeiterführung und eine funktionierende Mitarbeitermotivation einen handfesten Vorsprung gegenüber der Konkurrenz verschaffen. Während du gleichzeitig sicherstellen musst, dass dein Produkt oder eine Dienstleistung bei deinen Kunden ankommen, kann eine vorbildliche Führung dir die folgenden Wettbewerbsvorteile bescheren:

- Eine höhere Mitarbeiter- und dadurch auch eine höhere Kundenzufriedenheit
- Ein hohes Maß an Leistungsfähigkeit und mehr Einsatzbereitschaft bei deinen Angestellten

- Mehr Flexibilität bei deinen Mitarbeitern
- Ein positives Unternehmensimage

Demnach ist eine gelungene Mitarbeiterführung ein wahres Geschenk für alle Beteiligten. Deine Mitarbeiter sind mit ihrem Arbeitsplatz zufriedener, während es deine Kunden gleichzeitig auch sind. Als Unternehmer profitierst du davon auch finanziell. In deiner Rolle als Führungspersönlichkeit ist eine gelungene Mitarbeiterführung für dich zeitgleich unglaublich befriedigend.

Schließlich lässt die Reaktion deiner Mitarbeiter direkt auf dein Können als Führungskraft schließen. Zu merken, dass deine Mitarbeiter positiv auf deinen Führungsstil anspringen, wirkt wie Balsam für die Führungskraft-Seele. Somit erhältst du schließlich die direkte Bestätigung, dass du in deiner Rolle als Führungspersönlichkeit viel richtig gemacht hast.

~

Notizen

o

3 Wertschätzung - Der Schlüssel zu erfolgreicher Mitarbeiterführung

Dass Menschen ein wertschätzender Umgang miteinander unheimlich guttut, mag nach einer profanen Selbstverständlichkeit klingen. Doch genau dieser Umgang wird nur in den wenigsten Unternehmen aktiv gelebt. Nicht gerade selten ist es daher der Fall, dass Mitarbeiter aufgrund eines schlechten Betriebsklimas das Unternehmen wechseln oder zumindest mit dem Gedanken spielen, dies zu tun. Dabei haben die meisten Menschen durchaus ein Gespür für die Feinheiten.

Wenn du nur nett zu ihnen bist, weil du deine Mitarbeiter als reines Kapital und nicht als wertvolle Menschen siehst, wirst du kaum erfolgreich sein. Der Wunsch, gesehen und aufrichtig wertgeschätzt zu werden, ist bei vielen Menschen so groß, dass sie keine Kompromisse mehr eingehen werden wollen, wenn sie erst einmal von solch einem Umgang profitiert haben.

Da dies durchaus nicht dem gängigen Umgangston in unserer heutigen Gesellschaft entspricht, wird es dir nicht immer leicht fallen, diese Werte aktiv zu leben. Doch allein das Bestreben, dies Tag für Tag erneut zu versuchen und immer besser zu werden, ist Gold wert. Diese Art von wertschätzendem Umgang stellt daher das Fundament einer gelungenen und effektiven Mitarbeiterführung dar:

1. Du schätzt deine Mitarbeiter als wertvolle Menschen und nicht nur als menschliches Kapital
2. Du begegnest deinen Mitarbeitern mit aufrichtigem Interesse auf Augenhöhe
3. Du setzt dich für deine Mitarbeiter ein und hast ein offenes Ohr für sie
4. Du kennst ihre Stärken und verzeihst ihnen auch einige ihrer Schwächen
5. Du vertraust deinen Mitarbeitern und gibst ihnen die Möglichkeit, über sich hinauszuwachsen – teilweise auch, indem du sie aktiv förderst
6. Du lässt deinen Angestellten Lob und Anerkennung zukommen
7. Die Ziele, Bedürfnisse und Wünsche deiner Mitarbeiter liegen dir am Herzen
8. Du suchst nach immer neuen Wegen, um deine Unternehmensziele und die Bedürfnisse deiner Mitarbeiter in Einklang zu bringen
9. Du lebst deinen Mitarbeitern aktiv vor, was es bedeutet, wertschätzend miteinander umzugehen, und tolerierst keinen missbilligenden Umgang

3.1 Wie Du Deine Mitarbeiter nicht motivierst

Ein wertschätzender Umgang miteinander ist demnach das A und O. Wer Mitarbeiter erfolgreich führen will, muss sie zunächst wertschätzen. Auf diese vermeintliche Selbstverständlichkeit wird dich dieser Ratgeber an verschiedenen Stellen immer wieder hinweisen. Denn erst wenn du diese innere Haltung für dich adaptiert hast, kannst du als Führungskraft wirklich etwas bewirken. Um diesem Ziel einen entscheidenden Schritt näher zu kommen, wirst du dich in Zukunft von den folgenden Mitteln verabschieden müssen. Denn sie bedeuten das genaue Gegenteil eines wertschätzenden Miteinanders und führen daher zu einer Demotivation deiner Mitarbeiter.

1. Jegliche Art von Druckmitteln und Bedrohungen
2. Kritik
3. Beschimpfungen
4. Leere Versprechungen
5. Unehrlichkeit
6. Egoismus
7. Handeln aus purem Eigeninteresse ohne Rücksicht auf Verluste

3.2 Motivation weg von oder hin zu

Warum funktionieren Bedrohungen und Druckmittel in der Regel schlechter als ein Bonus, den deine Mitarbeiter sich verdienen können? Die Antwort auf diese Frage liegt im gewichtigen Unterschied zwischen der Motivation weg von etwas und der Motivation hin zu etwas begründet. Ein gutes Beispiel für eine Art der Weg-von-Motivation ist, wenn Eltern eine Strafe verhängen.

Das Kind macht also beispielsweise nur seine Hausaufgaben, um keinen Abzug vom Taschengeld zu kassieren. Ein Beispiel für eine Hin-zu-Motivation ist hingegen mehr Taschengeld, welches sich das Kind verdienen kann, wenn es bestimmte Aufgaben erledigt. Ein noch besseres Beispiel ist hingegen ein Kind, welches seine Hausaufgaben macht, weil es selbst etwas lernen möchte.

Doch wie wirken sich diese Arten der Motivation nun auf das innere Erleben sowie auf die Performance des Kindes aus? Die Weg-von-Motivation greift dann, wenn es darum geht, etwas zu vermeiden. Dabei liegt der Fokus immer auf dem Negativen. Die Angst oder Bedrohung kann sogar so groß sein, dass die betroffene Person kaum noch mentale Energie aufbringt, um seine Aufgabe über das Mindestmaß hinaus zu lösen. Die Angst zu versagen und dann die Strafe kassieren zu müssen, kann schier so groß sein, dass das Versagen dadurch tatsächlich wahrscheinlicher wird.

Bei der Weg-von-Motivation gibt es etwas zu verlieren. Bei der Hin-zu-Motivation können das Kind oder deine Mitarbeiter hingegen etwas gewinnen. Es gibt keine Angst, die ihr Denken dominiert. Vielmehr steht das Ziel im klaren Fokus. Frei von Angst können das Kind und deine Mitarbeiter so nach kreativen Lösungen suchen, um ihr Ziel möglichst schnell und effektiv zu erreichen. Schließlich wartet der versprochene Bonus dann noch schneller auf sie.

Setzen wir nun Bedrohungen, Strafen und Co. mit einer Weg-von-Motivation gleich, dann entspricht ein wertschätzender Umgang miteinander eher der Hin-zu-Motivation. Nichts desto trotz tust du gut daran, beide Motivationsmethoden für dich zu verinnerlichen. Schließlich gibt es sowohl ausgeprägte Hin-zu- als auch Weg-von- und Mischtypen.

Je besser du einschätzen kannst, welcher deiner Mitarbeiter in welche Kategorie fällt, desto besser kannst du ihn oder sie motivieren. Gleichzeitig ist und bleibt ein wertschätzender Umgang miteinander trotz möglicher Weg-von-Motivationsansätze ein Muss.

3.3 Extrinsische und intrinsische Motivation

Eine weitere wichtige Motivationstheorie unterscheidet zwischen der sogenannten ex- und der intrinsischen Motivation. Bei der extrinsischen Motivation handelt es sich um die Motivation von außen. Das Gehalt, welches du deinen Mitarbeitern zahlst, motiviert sie zum Beispiel extrinsisch. Gleiches gilt auch für ein Lob, welches sie von dir erhalten. Auch eine Weg-von-Motivation, wie das Vermeiden einer Strafe, ist eine Art der extrinsischen Motivation.

Im Gegensatz dazu motiviert die intrinsische Motivation deine Mitarbeiter von innen heraus. Deine Mitarbeiter machen die Arbeit also um ihrer selbst Willen. Sie halten die jeweilige Tätigkeit für sinnvoll und haben Spaß daran. Dabei spielt natürlich auch das Wert- und Selbstverständnis deiner Mitarbeiter eine Rolle.

Schließlich sind deine Mitarbeiter bei ihrer Arbeit womöglich intrinsisch motiviert, da sie durch diese Tätigkeit ihre Werte aktiv leben können. Ein Beispiel dafür ist der Mitarbeiter eines Kinderheims, für den die Förderung der nächsten Generation von oberstem Wert ist. Ein Kind, was seine Hausaufgaben deshalb macht, da es selbst etwas lernen möchte, legt außerdem eine intrinsische Hin-zu-Motivation an den Tag.

Doch wie kannst du dir dieses Wissens als Führungspersönlichkeit zu Nutze machen? Ganz einfach: Indem du deinen Mitarbeitern dabei hilfst, zu erkennen, welchen Zweck ihre Arbeit erfüllt. Denn dieses Verständnis kann sie intrinsisch motivieren. An dieser Stelle ist ein Beispiel des bekannten Speakers Tobias Beck sehr hilfreich. Er hat ein Training bei einer Firma, welche Autobremsen für Porsche verpackt, gegeben. Die hohe Mitarbeiterunzufriedenheit hatte den Chef dieser Firma dazu veranlasst, Tobias Beck zu engagieren.

Allerdings waren die Mitarbeiter dermaßen demotiviert, dass sie naturgemäß auch auf dieses Motivationstraining keine Lust hatten. Das hat Tobias Beck erkannt und den Chef der Firma daraufhin darum gebeten, dafür zu sorgen, dass alle Mitarbeiter in ihrer Mittagspause die Chance bekommen sollten, selbst einen Porsche zu fahren. Diese adrenalingeladene Spritztour auf der Autobahn hat für die teilnehmenden Mitarbeiter in der Tat wahre Wunder bewirkt: Sie konnten am eigenen Leib erleben, wie viel Fahrspaß in einem Porsche schlummert.

Prompt hat ihre Arbeit für sie deutlich mehr Sinn gemacht. Mit ihrer Tätigkeit tragen die Mitarbeiter in der Bremsen-Verpackungsabteilung schließlich ihren Teil dazu bei, dass Porsche-Fahrer genau diesen Fahrspaß bei jeder Spritztour mit ihrem Wagen erleben können. Der innere Wert ihrer ehemals so wenig geschätzten Arbeit ist durch diese eine, sinnhafte Erfahrung somit deutlich gestiegen.

~

Notizen

3.4 Kritik schadet, Lob motiviert

Nachdem du dieses Wissen verinnerlicht hast, dürfte dir die folgende Erkenntnis einleuchten: Selbst vermeintlich konstruktive Kritik ist mit Vorsicht zu genießen. Natürlich kommst du als Führungskraft häufig nicht darum herum, deinen Mitarbeitern dein Feedback mitzuteilen. Wie du das tust, spielt jedoch eine entscheidende Rolle. Denn wenn gut gemeintes Feedback als Kritik aufgenommen wird, sind die negativen Folgen bereits jetzt abzusehen:

- Viele Menschen nehmen Kritik aus Trotz nicht an oder verfallen in eine Trotzreaktion
- Kritik kann verletzen und Aggressionen freisetzen
- Kritik kann Menschen zermürben und demotivieren
- Kritik wird unter Umständen gleich abgewehrt oder verdrängt, so dass sie gar nicht an den Menschen herankommt und sein Handeln auch nicht positiv verändern kann
- Die Energie, die zum Arbeiten eingesetzt werden könnte, wird jetzt auf die Person, welche die Kritik zum Ausdruck gebracht hat, projiziert, um sich gegen seine Kritik zur Wehr zu setzen

Selbstverständlich gibt es auch Menschen, die mit konstruktiver Kritik umgehen können. Sie sind jedoch sehr rar gesät und wahrscheinlich auch in deinem Unternehmen nur ausgesprochen selten anzutreffen. Da du immer bangen musst, dass deine Kritik mehr kaputtmachen als einen Schritt in die richtige Richtung bedeuten könnte, kann dieses Tool daher nicht das Mittel zum Zweck sein.

Wirksame Mitarbeiterführung setzt anstatt dessen auf jede Menge Lob und positive Affirmationen, um deinen Mitarbeitern den benötigten Motivationsschub zu verpassen. Denn mit Kritik wirst du dieses Ziel nicht erreichen. Noch dazu ist der Fokus auf lobende anstatt auf kritische Worte die logische Konsequenz aus einem wertschätzenden Miteinander. Die guten Seiten eines Menschen zu erkennen, seine Stärken zu sehen und sie aktiv zu fördern, ist durchaus etwas, was angesichts der generellen Negativausrichtung von weiten Teilen der heutigen Gesellschaft der Übung bedarf.

Nichts desto trotz ist Lob, welches ehrlich gemeint ist, eines der hilfreichsten Mittel zum Zweck im Rahmen der Mitarbeiterführung. Dabei kann dein Lob nicht nur die ex-, sondern auch die intrinsische Motivation deines Mitarbeiters aktivieren. Wenn es dir gelingt, deinen Mitarbeiter für seine Stärken und damit gleichzeitig auch für Dinge zu loben, die ihm wahrhaft am Herzen liegen, führt dein Lob gleich in doppelter Hinsicht zu mehr Freude und Leistungsbereitschaft bei dem jeweiligen Mitarbeiter. Während Kritik den Blick auf Dinge, die zu vermeiden sind, lenkt, lenkt ein Lob den Blick auf Erstrebenswertes.

3.4.1 Deine Mitarbeiter anfeuern und Wachstumsimpulse setzen

Als gute Führungskraft liegt es an dir, die Potentiale zu erkennen, die in deinen Mitarbeitern schlummern und geradezu darauf warten, zum Leben erweckt zu werden. Ein ehrliches Interesse an deinen Mitarbeitern als Mensch kann sehr hilfreich sein, wenn du ihre Stärken entdecken und aktivieren möchtest. Gleichzeitig solltest du die Grenzen deiner Mitarbeiter allerdings möglichst genau kennen und ihnen nicht zu viel zumuten. Schließlich geht es darum, die dir anvertrauten Mitarbeiter im positiven Sinne anzufeuern und sie nicht zu verheizen oder sie zu überfordern und dadurch zu frustrieren.

Das höchstmögliche Level an Produktivität erreichst du nicht etwa, wenn alle Mitarbeiter perfekt sind. Vielmehr geht es darum, für die nötigen Rahmenbedingungen und Motivation zu sorgen, damit deine Mitarbeiter jederzeit ihr Bestes geben. Wachstumsimpulse helfen dir dabei, deine Mitarbeiter dazu anzuregen, derart zu wachsen, dass ihr Bestes der Zukunft noch besser ist als ihr Bestes der Vergangenheit.
Garantien dafür, dass dies auch tatsächlich passieren wird, gibt es zwar keine. Allein die Tatsache, dass du deinen Mitarbeitern mehr zutraust, als sie es bisher vielleicht selbst getan haben, kann jedoch dazu führen, dass dies ungeahnte Kräfte in ihnen freisetzt. Das Potential deiner Mitarbeiter zu sehen, stellt im Übrigen eine unglaubliche wertschätzende Form des Umgangs miteinander dar. Schließlich hast du dir die Mühe gemacht und dir die Zeit genommen, um die Stärken deiner Mitarbeiter zu erkennen und an das Gute in ihnen zu glauben.

Auch wenn du an die Stärken deiner Mitarbeiter glaubst und dies auch offen kommunizierst, heißt dies noch längst nicht, dass deine Mitarbeiter sofort begeistert losstürmen werden, um ihre Potentiale auch zu realisieren. Schließlich gehen Angst und Veränderung für viele Menschen Hand in Hand. Allerdings leben wir in einer Gesellschaft voller derart dynamischer

Veränderungen, dass ein stetiger Wandel inzwischen die Regel und nicht mehr die Ausnahme ist. Dafür hat vor allem der technische Fortschritt gesorgt, der schlichtweg nicht mehr aufzuhalten ist.

Somit liegt es an dir als Führungskraft, nicht nur zu kommunizieren, dass Veränderungen in deinem Unternehmen begrüßt werden. Vielmehr bist du in deiner Vorbildfunktion dazu aufgefordert, deinen Mitarbeitern diesen positiven Umgang mit Veränderungen auch aktiv vorzuleben. Gleichzeitig kannst du Impulse setzen, welche deine Mitarbeiter dazu einladen, immer und immer wieder auf ein Neues über sich hinauszuwachsen.

Wenn sie dies erst einmal oft genug getan haben, kannst du davon ausgehen, dass sich bei immer mehr Mitarbeitern der dringende Wunsch und unbedingte Willen einstellen wird, selbst besser werden zu wollen.

Indem du deine Mitarbeiter für ihren Willen zu wachsen und ihre anschließenden Erfolge belohnst, beflügelst du sie zusätzlich. Schließlich wirkt der Erfolg, über sich hinaus gewachsen zu sein, auch innerlich unglaublich befriedigend und somit extrem motivierend auf die betroffenen Mitarbeiter. Gleichzeitig ist Kritik unangebracht, wenn ein Mitarbeiter etwas riskiert und vergeblich versucht hat, über sich hinauszuwachsen.

Schließlich kann Wachstum auch bedeuten, aus Fehlern zu lernen.

~

Notizen

°

4 Was macht eine gute Führungspersönlichkeit aus?

Wie dir an dieser Stelle längst klar sein dürfte, wird eine gute Führungspersönlichkeit meist nicht einfach so geboren. Vielmehr verlangt dir deine Führungsrolle ab, stetig an dir zu arbeiten und über dich hinauszuwachsen. Du bist somit dazu aufgefordert, genau das zu tun, was du auch von deinen Mitarbeitern erwartest. Eine Führungskultur zu schaffen, welche die sich darin agierenden Mitarbeiter fördert, motiviert, sie wertschätzt und einen stabilen Rahmen schafft, damit deine Angestellten über sich hinauswachsen können, ist eine Aufgabe, die dich menschlich immer wieder an deine Grenzen bringen wird und dir sicherlich eine gehörige Portion Demut abverlangt.

Schließlich trifft das Sprichwort „Der Fisch stinkt vom Kopfe." leider immer noch in viel zu vielen Unternehmen zu. Selbst schlechte Führungskräfte haben ihre Position oft viel zu lange inne, während erst die Mitarbeiter und irgendwann auch der Unternehmenserfolg darunter leiden. Eine wertschätzende, mitarbeiterfreundliche innere Einstellung ist dabei nur der erste Schritt. Wer Mitarbeiter erfolgreich führen und lenken will, muss entsprechend flexibel in seinem Denken und Handeln sein.

Schließlich gibt es keine Pauschallösung für alle. Genau wie jedes Kind andere Eltern braucht, braucht jeder Mitarbeiter etwas anderes von seinem Chef. Eine ausgeprägte Menschenkenntnis ist also ein Muss. Nur dann kannst du beispielsweise erkennen, was deinen Mitarbeiter motiviert und wie du ihn oder sie am besten fördern kannst. Diese Art der Menschenkenntnis zu entwickeln, passiert jedoch ebenfalls nicht über Nacht. Es bedarf vielmehr ausreichend Erfahrung.

Außerdem kannst du als Chef selbstverständlich keine Gedanken lesen. Auch wenn du jemanden vergleichsweise gut einschätzen kannst, kannst du ohne Rückfrage mit der entsprechenden Person nie sicher sein, dass deine Einschätzung der Realität entspricht. Schließlich befindet sich auch dein Mitarbeiter im Wandel und könnte seine Meinung aus Gründen, die dir nicht bekannt sind, schon wieder geändert haben. Dies macht jeden Umgang mit Menschen und daher auch die Mitarbeiterführung zu einem derart dynamischen Prozess. Um da den Anschluss nicht zu verlieren, gehören diese Tools unbedingt in deinen Werkzeugkasten als Führungskraft:

1. Genau hinschauen und beobachten, um deine Mitarbeiter und Dynamik in deinem Unternehmen besser verstehen zu lernen
2. Eine positive Resultatorientierung
3. Offen für Feedback deiner Mitarbeiter sein und ihre Expertise spätestens dann einholen, wenn deine Expertise an ihre Grenzen stößt
4. Fokus auf weniges Wichtiges anstatt auf vieles Unwichtiges
5. Nicht enden wollende Lernbereitschaft deinerseits

Führung im Unternehmenskontext bedeutet somit nicht nur, deine Mitarbeiter zu führen. Vielmehr bist du als Führungskraft auch dazu aufgerufen, dich selbst zu führen. Somit tust du gut daran, dir immer wieder zu vor Augen zu halten, welche menschlichen Fähigkeiten und welche innere Einstellung dir deine Führungsposition abverlangt. Je öfter du genau das tust, desto eher werden dir diese wichtigen Maximen in Fleisch und Blut übergehen.

4.1 Selbstverantwortung: Die Führungsverantwortlichkeit liegt bei Dir

Eltern haften für ihre Kinder. Analog dazu tragen Führungskräfte die Verantwortung für den Erfolg oder Misserfolg ihrer Mitarbeiter. Selbstverständlich kann es passieren, dass sich ein Mitarbeiter trotz aller Bemühungen nicht führen lassen will. Vielleicht ließ sich der Unternehmensmisserfolg aufgrund widriger äußerer Umstände schlichtweg nicht vermeiden. Sofern jedoch keine eindeutigen, unzweifelhaften Gründe für den Unternehmensmisserfolg gefunden werden können, ist es deine Aufgabe als Führungskraft, die Verantwortung bei dir selbst zu suchen.

Wenn die Mitarbeiter ihre Arbeit nicht so machen, wie du es dir wünscht und es für den Unternehmenserfolg sinnvoll wäre, ist es ein Leichtes, deinen Angestellten die Schuld zu geben. Dies würde allerdings nur zu der Art von Schuldzuweisungen und Kritik führen, die der gelungenen Mitarbeiterführung tendenziell eher im Weg stehen als ihr nützen. Daher stellt sich die Frage, was du hättest tun können, um deine Mitarbeiter besser zu motivieren. Was ist womöglich deinerseits schiefgelaufen, dass deine Mitarbeiter nicht die gewünschte Leistung abrufen konnten?

Vielleicht hast du schlichtweg zu viel von deinen Mitarbeitern erwartet. Womöglich war es einfach unmöglich, in der vorgegeben Zeit mit der vorhandenen Anzahl an Mitarbeitern das zu leisten, was du dir vorgestellt hast. Die Liste deiner möglichen Verfehlungen ist im Zweifel lang. Zu prüfen, wie du zu dem Problem beigetragen haben könntest, sendet selbst dann eine wichtige Botschaft an alle Mitarbeiter, wenn du alles „richtig" gemacht hast. Denn wer als Chef die Fehler zuerst bei sich und nicht bei anderen sucht, kommuniziert folgendes:

1. Verantwortungsbewusstsein
2. Vorbildfunktion – du lebst die Werte, die du von deinen Mitarbeitern erwartest
3. Keine Angst vor Fehlern – vielmehr siehst du sie als Chance, besser zu werden und etwas zu lernen
4. Ausgeprägte Ergebnisorientierung – du bist bereit, den Fehler auch bei dir zu suchen, um das gewünschte Ergebnis zu erzielen
5. Fairness – du stehst für deine Fehler gerade

In der Summe schafft diese gelebte Selbstverantwortung demnach mehr Vertrauen bei deinen Mitarbeitern. Diese Art der Selbstverantwortung und das kontinuierliche Hinterfragen, was schiefgelaufen sein könnte, präsentieren sich als Chance für noch mehr positives Wachstum. Fehler und Misserfolge derart zu reflektieren, gibt dir schließlich die Möglichkeit, über die folgenden Fragen nachzudenken, was für deinen Führungserfolg nur von Vorteil sein kann:

1. Was könntest du noch besser machen? Inwiefern schöpfst du deine Potenziale bereits aus?
2. Bemühst du dich, immer so ethisch und wertschätzend wie möglich zu handeln?
3. Hast du einen Blick für die wichtigen Dinge und weißt, wann du wo eingreifen musst?
4. Versuchst du, dogmatisch deinen Weg zu gehen, oder bist du flexibel genug in deinem Denken und Handeln?
5. Arbeitest du konsequent auf das Erreichen deiner Ziele hin oder wissen deine Mitarbeiter mitunter nicht, woran sie bei dir sind?

4.2 Führung als gelebte Profession und Passion

Wie dir anhand der bisherigen Ausführungen bereits klar geworden sein dürfte, will gute Führung demnach in jedem Aspekt deiner täglichen Arbeit gelebt werden. Gelungene Mitarbeiterführung passiert nicht einfach so, sondern sie verlangt dir ab, dass du dich immer wieder bewusst auf den Führungsprozess konzentrierst und mit Bedacht agierst. Nichts desto trotz passiert es in vielen Unternehmen immer noch, dass Personen Führungspositionen besetzen, die zwar über ein beeindruckendes Fachwissen verfügen. Menschlich fehlen ihnen jedoch oftmals die erforderlichen Kompetenzen.

Dabei setzt eine gelungene Führung voraus, dass du nicht nur das nötige theoretische und fachliche Wissen mitbringst. Als Führungspersönlichkeit kannst du schließlich nur dann überzeugen, wenn du dich sowohl fachlich als auch menschlich für die Position als Unternehmenslenker oder Vorgesetzter qualifiziert hast. Das soll nicht bedeuten, dass es nicht Mitarbeiter geben kann, die dir in einem oder beiden dieser Bereiche einen Schritt voraus sind.

Auch darum muss eine gute Führungskraft wissen und diese Stärken der eigenen Mitarbeiter bewusst anerkennen.

Auch das Wissen, dass Führung jederzeit ein Prozess ist, der einem stetigen Wandel unterliegt, ist einer der wichtigen Schlüssel zum Erfolg. Denn dieses Prozessdenken und die Tatsache, dass du dein Bewusstsein so nicht nur auf das Tagesgeschäft, sondern auch auf deinen täglichen Erfolg- oder Misserfolg als Chef lenkst, lassen dich immer besser werden. Du bist demnach dazu aufgefordert, dir deine Führungsrolle immer wieder aktiv vor Augen zu halten.

Dies gilt gerade dann, wenn du menschlich an deine Grenzen kommst. Konflikte zwischen Mitarbeitern und Führungskräften gibt es zur Genüge. In solch einer Situation als gekränkter Mensch anstatt als selbstbewusste, wohlwollende Führungskraft zu reagieren, könnte unter Umständen großen Schaden anrichten. Allein das zeigt bereits, wie viel menschliche Größe dir deine Rolle als Führungskraft im Laufe deiner Karriere zwangsläufig abverlangen wird. Ohne die nötige Führungspassion wird es dir allerdings eher schwerfallen, diese wichtige Charaktereigenschaft nach und nach zu entwickeln.

~

Notizen

5 Konfliktmanagement als Teil der gelungenen Mitarbeiterführung

Menschen in Hochzeiten zu führen, ist häufig nicht sonderlich schwer. Dies sieht in Krisenzeiten hingegen schon ganz anders aus. In diesen Situationen musst du als Führungskraft auch unbeliebte Entscheidungen treffen. Eventuell liegt es in deiner Hand, dich aus unternehmerischen Gründen von Mitarbeitern zu trennen, auch wenn du dies aus menschlicher Sicht sehr bedauerst. Immer dann, wenn Menschen miteinander agieren, gibt es zudem Potential für Missverständnisse und damit auch für Konflikte.

Dabei zeigen sich die wahren Stärken einer Führungskraft meist erst in derart schwierigen Situationen. Ein Konflikt, den du schlecht gemanaged hast, kann das Vertrauen deiner Mitarbeiter in dich von jetzt auf gleich erschüttern. Vorbildliches Konfliktmanagement verleiht dir hingegen mehr Glaubwürdigkeit als Führungskraft. Wer Menschen oder ein Team führen will, darf Konflikte also nicht scheuen. Vielmehr geht es darum, sie produktiv zu lösen zu wissen.

Jeder noch so kleine Konflikt ist ungelöst eine tickende Zeitbombe. Je länger die Konflikte unterschwellig brodeln können, desto größer ist die Explosionsgefahr. Irgendwann sind die Fronten dann so verhärtet, dass es gar nicht mehr um das eigentliche Problem geht. Vielmehr hat sich der Konflikt womöglich von der Sach- auf die emotionale Ebene verlagert. Als Führungskraft tust du daher gut daran, schnellstmöglich einzuschreiten, wenn du folgende Observation machst:

1. Deine oder die Kompetenz anderer Mitarbeiter wird infrage gestellt – dies kann heimlich oder offen geschehen
2. Es werden (kompetente, sachkundige) Menschen in deinem Team ausgebremst
3. Es kommt zu Mobbing (vielleicht sogar, weil jemand zu viel Einsatzbereitschaft zeigt)
4. Der Fokus verlagert sich von der eigentlichen Arbeit zu sehr auf die Beziehungen miteinander

Desto eher du einen Konflikt in den Griff bekommst, desto weniger kann er das Arbeitsklima schädigen. Ein positives Arbeitsklima ist schließlich eine der weiteren wichtigen Grundvoraussetzungen für gelungene Mitarbeiterführung. Eine Führungskraft, die bei Konflikten ein Auge zumacht und einfach wegschaut, wird zudem nicht ernstgenommen. Wenn du dir den

Respekt deiner Mitarbeiter verschaffen willst, führt demnach ebenfalls kein Weg an aktivem Konfliktmanagement vorbei.

5.1 *Konflikte in Ruhe analysieren*

Es ist durchaus sinnvoll, einen Konflikt als eine Art Mini-Projekt aufzufassen. Bevor du entscheiden kannst, welche Reaktion am sinnvollsten ist, gilt es erst einmal die Ausgangslage zu analysieren. In diesem Zusammenhang könnten die folgenden Fragen für dich von Bedeutung sein:

1. Wer ist dem Konflikt direkt beteiligt?
2. Wer ist an dem Konflikt indirekt beteiligt? (zum Beispiel in Form von Gerüchten oder Meinungen von außen, die den Konflikt verschlimmern können)
3. Worum geht es bei dem Konflikt?
4. Inwiefern ist an den Meinungen von den Außenstehenden etwas dran?

In der Regel ist die Anzahl der „Störenfriede“ auf zwei bis drei Personen begrenzt. Die restlichen Angestellten, die in den Konflikt verwickelt sind, sind häufig nur Mitläufer. Auch sie wollen bei der Konfliktlösung zu einem gewissen

Grad Beachtung finden. Dein Hauptaugenmerk sollte jedoch auf den Personen im Zentrum des Konflikts liegen. Bei deiner Analyse der Situation wirst du mit einem geschulten Auge und der nötigen Portion Menschenverständnis wahrscheinlich sehr schnell feststellen, dass der Konflikt meist nicht auf der Sachebene eskaliert ist.

Denn auf der Sachebene lässt sich eine Lösung für das Problem relativ schnell finden oder eben feststellen, dass dieses Sachproblem aktuell nicht zu lösen ist. Auf der emotionalen Ebene spielen jedoch die persönlichen Eigenheiten und emotionalen Trigger deiner Mitarbeiter eine Rolle. Frau X fühlt sich gekränkt, während Herr Y gleichzeitig das Gefühl hat, dass Frau X ihn nicht wertschätzt. Dir vor Augen zu halten, dass die meisten Konflikte zwischen Mitarbeitern auf der Beziehungsebene ausgetragen werden, ist bereits der erste Schlüssel zum Erfolg.

~

Notizen

5.2 Konflikte wertschätzend auf der Beziehungsebene lösen

Wie bereits angesprochen, ist ein wertschätzendes Miteinander einer der wohl wichtigsten Grundsteine für die erfolgreiche Mitarbeiterführung. Dies gilt bei der Lösung eines Konflikts gleichermaßen. Schließlich ist es wahrscheinlich überhaupt nur zu diesem Konflikt gekommen, weil sich die beteiligten Mitarbeiter nicht gesehen, respektiert oder wertgeschätzt gefühlt haben. Daher ist es wichtig, dass du es als Führungskraft tunlichst vermeidest, dich auf eine Seite zu schlagen.

Ein wertschätzender Umgang miteinander verbietet dir dies schlichtweg. Schließlich sieht diese innere Einstellung anderen Menschen gegenüber vor, dass du ihnen auch dann wertschätzend begegnest, wenn du nicht ihrer Meinung bist. In dieser Situation kommt deine Vorbildfunktion als Führungspersönlichkeit gleichzeitig voll zum Tragen. Wie du mit Konflikten umgehst, wirkt sich schließlich entscheidend auf die Konfliktkultur in eurem Unternehmen aus.

Dabei trittst du vor allem als Vermittler in Erscheinung. Zunächst einmal ist es sinnvoll, wenn beide Seiten mit ihrem Anliegen bei dir Gehör finden. Erst im Anschluss nach einer möglichst wertschätzenden Interaktion mit dir ist es in vielen Fällen empfehlenswert, beide Seiten an einen Tisch zu holen. Wichtig ist dabei vor allem, dass Beschuldigungen an diesem Tisch nichts verloren haben. Als Moderator ist es deine Aufgabe, sicherzustellen, dass dem so ist.

Expertentipp:

An diesem Punkt darf man sich gerne streiten, ob es sinnvoll ist, Einzelgespräche zu führen oder die beteiligten Parteien gleich gemeinsam an einen Tisch zu holen. Dies ist eine Entscheidung, die du nur in der konkreten Situation treffen kannst. Ohne die „Gegenpartei" fühlen sich deine Mitarbeiter wahrscheinlich sicherer. Gleichzeitig kann dies die Angst schüren, dass die erste Person, die mit dir über den Konflikt sprechen darf, im Vorteil ist, weil sie dein Denken vermeintlich zuerst beeinflussen kann. Allerdings gibt es auch Konflikte, bei denen die Fronten derart verhärtet sind, dass Einzelgespräche erforderlich sind, um die beiden Parteien überhaupt einvernehmlich an einen Tisch bringen zu können.

Bei einem gemeinsamen Gespräch haben deine Mitarbeiter nun zusammen mit dir die Möglichkeit, an der Konfliktlösung mitzuarbeiten. Dies nimmt zwar mehr Zeit in Anspruch, als wenn du ihnen einfach von außen eine Lösung aufbrummen würdest. Gleichzeitig machst du deinen Mitarbeitern allerdings klar, dass du ihren Beitrag schätzt und auf ihre Problemlösungsfähigkeiten vertraust. Am Ende sollte es schließlich eine Lösung geben, mit der alle beteiligten Parteien gut leben können.

Diese auszuarbeiten, ist nicht immer im Rahmen einer einzelnen Sitzung möglich. Eventuell solltest du den betroffenen Mitarbeitern Bedenkzeit geben, damit sie sich über ihren Lösungsvorschlag in Ruhe Gedanken machen können. Während du diese Konfliktlösung begleitest, kannst du deinen Mitarbeitern durch die Vorstellung von Konzepten wie der sogenannten Win-Win-Strategie neue Impulse liefern. Wichtig ist vor allem, dass die Lösung die zentralen Bedürfnisse von allen beteiligten Parteien auf der Beziehungsebene achtet, während das Problem auf der Sachebene ebenfalls zufriedenstellend angegangen wird.

5.2.1 Die Win-Win-Strategie als ein Lösungsansatz bei Konflikten

Es gibt viele vermeintliche Konfliktlösungsansätze, die einen Konflikt auflösen, indem es einen Gewinner und einen Verlierer gibt. Dies sorgt allerdings häufig für noch mehr Spannungen zwischen den einzelnen Mitarbeitern, anstatt den Konflikt dauerhaft aus der Welt zu schaffen. Selbst wenn du dich nicht für das Gewinner-Verlierer-Modell entscheidest, kann auch das Kompromiss-Modell häufig nicht die gewünschte Lösung herbeizaubern.

Denn ein Kompromiss führt oftmals zu Unzufriedenheiten auf beiden Seiten. Daher darf das Kompromiss-Modell durchaus auch als Verlierer-Verlierer-Modell bezeichnet werden. Schließlich muss jede Seite etwas, das ihr eigentlich wichtig ist, aufgeben, um zu einer Lösung zu kommen. Ideal wäre es hingegen, wenn es eine Lösung gäbe, die beide Konfliktpartner in ihrer Gesamtheit zufriedenstellt.

Bereits der Begriff „Konfliktpartner" bringt eine viel wertschätzendere innere Haltung zum Ausdruck als Begriffe wie „Störenfried" oder „Streithähne." Schließlich zeigt der Begriff „Konfliktpartner" an, dass es nur eine partnerschaftliche Lösung für das Problem geben kann. Diese Lösung zu finden, ist das Ziel der sogenannten Win-Win-Strategie. Diese Art von Lösung soll beide Parteien dauerhaft voll und ganz zufriedenstellen, ohne dass Abstriche in Bereichen, die für die einzelnen Parteien von zentraler Bedeutung sind, erforderlich werden.

Dass ein Kompromiss häufig nicht die beste Lösung darstellt, zeigt das nachfolgende Beispiel auf brillante Art und Weise: Zwei Geschwister streiten sich um eine Zitrone. Auf den ersten Blick sieht es so aus, dass du die Zitrone einfach halbieren könntest. Dann hätte jedes der Geschwisterkinder eine halbe Zitrone und könnte mit seinem fairen Anteil doch zufrieden sein. Wenn du dich mit der Motivation der Geschwister genauer auseinandersetzt und in Erfahrung bringst, was die beiden Geschwister mit der Zitrone anstellen wollen, wird dir jedoch sofort klar, um was für einen faulen Kompromiss es sich bei dieser Lösung in Wahrheit handelt.

Schließlich will eine der beiden Personen einen Saft aus der Zitrone pressen, um diesen in ihren Tee zu geben. Die andere Person möchte einen Kuchen backen, dessen Rezept nach abgeriebener Zitronenschale verlangt. Sinnvoller wäre es also, wenn die eine Person den ganzen Saft und die andere Person die ganze Schale der Zitrone bekommen würde. Das ist nicht nur die ideale Lösung, sondern zeigt auch, dass es überhaupt keinen echten Konflikt gab.

Die Win-Win- oder die sogenannte Gewinner-Gewinner-Strategie ist ein Denkansatz, die dich nach genau dieser Art von Lösung suchen lässt. Beide Parteien sind in der Tat Konfliktpartner, da sie gemeinsam nach einer Win-Win-Situation für beide Seiten suchen. Um diese zu finden, ist der aktive Input von beiden Seiten gefragt. Schließlich kann sich hinter einem einfachen Anliegen, wie zum Beispiel dem Wunsch nach einer Zitrone, viel verbergen. Daher ist es wichtig, zu verstehen, was die Intentionen der beiden Personen sind und was sie genau zu erreichen versuchen.

Sobald die tiefergehenden Interessen der beiden Parteien auf dem Tisch liegen, kann die Suche nach einem vielversprechenden Lösungsansatz beginnen. Noch dazu hilft dir dieser Denkansatz dabei, von der Frage, wer denn nun „Recht“ hatte, wegzukommen. Wenn es dir als Führungskraft gelingt, deine Mitarbeiter in diese gemeinsame Lösungssuche zu involvieren, dann musst du nicht mehr zwischen ihnen vermitteln. Vielmehr verfolgen sie nun das gleiche Ziel: Nämlich eine Lösung zu finden, welche die Interessen der beteiligten Parteien gleichermaßen berücksichtigt.

5.3 Eine Konfliktkultur in Deinem Unternehmen etablieren

Je öfter du dich in deiner Rolle als Führungskraft mit Konflikten konfrontiert siehst, desto leichter wird es dir fallen, mit ihnen gekonnt umzugehen. Dies hat gleich mehrere Gründe. Zum einen sorgt das Mehr an Erfahrung dafür, dass du deine Konfliktmanagement-Fähigkeiten immer mehr schärfen kannst. Zum anderen wird sich im Laufe der Zeit aber auch eine Konfliktkultur in deinem Unternehmen etablieren. Schließlich kommt deine Vorbildfunktion bei jedem Konflikt, den du auflöst, zum Tragen.

Du lebst deinen Mitarbeitern schließlich vor, was es bedeutet, Konflikte in eurem Unternehmen aktiv anzugehen und einvernehmlich zu lösen. Dabei ist eine Unternehmenskultur, die Fehler insofern willkommen heißt, als dass es sich dabei um eine Chance handelt, aus ihnen zu lernen und über sich hinauszuwachsen, sicherlich sehr sinnvoll. Wenn du deine Mitarbeiter dafür belohnst, dass sie Konflikte aktiv zu lösen versuchen, anstatt sie für das Entstehen von Konflikten zu bestrafen, ist dies für alle beteiligten Parteien Gold wert.

Über deine Vorbildfunktion hinaus ist es sicherlich ebenso sinnvoll, wenn du die Konfliktkultur, die du dir für die dir anvertrauten Mitarbeiter wünschst, auch publik machst. Das kann zum Beispiel im Rahmen eines Meetings oder in Form einer Rundmail geschehen. Wichtig ist vor allem, dass sich deine Worte und Taten decken. Deinen Mitarbeitern immer wieder das Angebot zu machen, dass du dich im Konfliktfall gemeinsam mit ihnen für eine Win-Win-Situation einsetzen möchtest, ist sicherlich ein weiteres wertvolles Tool in deinem Werkzeugkasten zum Zweck der gelungenen Mitarbeiterführung.

~

Notizen

6 Wie verschaffst Du Dir den Respekt Deiner Mitarbeiter?

Die meisten Chefs dürften wissen, dass sie ohne den Respekt ihrer Mitarbeiter so gut wie verloren haben. Denn wenn ein Mitarbeiter deiner Führung folgt, dann vertraut er auf deine Autorität und deine Fähigkeiten. Respektiert dich ein Mitarbeiter hingegen nicht, so stellt er genau dieses Können infrage. Warum sollte dir ein Mitarbeiter folgen, wenn er dich nicht respektiert? Wenn dir ein Mitarbeiter keinen Respekt entgegenbringt, wird er auch deine Entscheidung nicht wertschätzen können, so dass ihm eine wichtige Grundlage fehlt, um diese Entscheidungen als Weisungsrichtlinie für sein Handeln anzunehmen.

Selbstverständlich hast du als Führungskraft eine Machtposition inne. Du bist gegenüber den dir anvertrauten Mitarbeitern weisungsbefugt. Viele deiner Mitarbeiter werden daher womöglich das tun, was du sagst, eben weil dies ein fester Bestandteil ihres Jobs ist. Sie haben als Teil ihrer Jobbeschreibung schlichtweg deinen Anweisungen zu folgen. Somit spielen extrinsische weg-von-Faktoren bei dieser Entscheidung, dir zu folgen, eine entscheidende Rolle.

Anders sieht es hingegen aus, wenn dich ein Mitarbeiter ehrlich und aufrichtig respektiert und wertschätzt. Dann ist er oder sie auch intrinsisch motiviert, dir zur folgen, weil er dich als Wissens- sowie Entscheidungsträger aufgrund deiner Fähigkeiten anerkennt und sich getrost auf deine Führung verlassen kann. Doch wie genau kannst du dir diesen Respekt verschaffen? Wie kannst du es anstellen, dass selbst Personen, welche die Welt in vielen Belangen ganz anders sehen als du, dir dennoch Respekt entgegenbringen?

Wichtig ist vor allem, dass du bedenkst, dass Respekt immer etwas mit Gegenseitigkeit zu tun hat. Nur wenn du deine Mitarbeiter respektvoll behandelst, kannst du darauf hoffen, dass sie dir ebenfalls mit Respekt begegnen werden. Darüber hinaus kann das Maß an Respekt, welches dir deine Mitarbeiter entgegenbringen, im Laufe der Zeit variieren. Auch deshalb ist deine Vorbildfunktion so wichtig.

Deine Mitarbeiter schauen ganz genau hin, was du sagst und tust. Nur wenn du deiner wertschätzenden Linie treu bleibst und einen aufrichtigen, ehrlichen Umgang miteinander auch dann anregst, wenn es alles andere als leicht ist, kannst du viele deiner Mitarbeiter langfristig auf deiner Seite wissen.

Auch diese Tipps und Tricks können dir dabei helfen, dir den Respekt deiner Mitarbeiter zu verschaffen:

1. Gib deinen Mitarbeitern Zeit, ihre eigenen Erfahrungen mit dir zu sammeln. Gerade als junge Führungskraft wirst du feststellen, dass ältere Mitarbeiter eine Weile brauchen, um sich von deiner Expertise zu überzeugen. Wenn du sie im Laufe der Zeit erst einmal mit deiner fachlichen und menschlichen Kompetenz hast überzeugen können, darfst du auch diese Mitarbeiter auf deiner Seite wissen.
2. Arbeite aktiv an deinen Schwächen und bilde dich weiter. Von einer Führungskraft wird häufig erwartet, dass sie der Experte schlechthin im Team zu sein hat. Natürlich ist dies nicht immer umsetzbar. Dich fachlich weiterzubilden und den fachlichen Rat erfahrener Mitarbeiter bei Bedarf einzuholen, ist durchaus legitim. Wenn es um deine menschliche Kompetenz geht, solltest du die Zügel als Führungskraft jedoch stets in den Händen halten.
3. Du tust gut daran, Kritikfähigkeit an den Tag zu legen, auch wenn es dir schwerfällt. Dich dafür zu entschuldigen, wenn du einen Fehler gemacht hast, wird dir garantiert zu mehr Respekt verhelfen, als diesen Fehler einfach unter den

Teppich kehren zu wollen. Unfehlbar wirken zu wollen, geht außerdem meist nach hinten los. Diese Haltung wirkt schlichtweg überheblich, da Menschen nun einmal nicht perfekt sind. Einen überheblichen Chef nicht zu respektieren, ist für die meisten Mitarbeiter daher aus gutem Grund ein Leichtes.

4. Deinen Status als Führungskraft nicht nur als Rolle, sondern auch als Mensch leben: Viele Führungskräfte meinen, dass sie in eine Rolle schlüpfen müssen, um von ihren Mitarbeitern als Chef akzeptiert zu werden. Dabei ist das genaue Gegenteil häufig der Fall. Wenn du nicht du selbst bist, sondern eine Rolle spielst, durchschauen das die meisten Menschen recht schnell. Schließlich ist der Mensch ein beziehungsorientiertes Wesen. Mit jemandem in einer bloßen Rolle interagieren zu müssen, wird daher von vielen Menschen als sehr unangenehm gefunden. Natürlich gilt es, deine Professionalität als Führungskraft auch weiterhin beizubehalten. Mehr Menschlichkeit kann dir allerdings dennoch zu mehr Respekt seitens deiner Mitarbeiter verhelfen.
5. Berechenbarkeit, Zuverlässigkeit und Gerechtigkeit können dir ebenfalls den Respekt deiner Mitarbeiter verschaffen. Dann wissen

deine Mitarbeiter schließlich, woran sie bei dir sind. Auch dass die gleichen Regeln für alle Mitarbeiter sowie auch für dich als Chef gelten, sorgt dafür, dass dich deine Mitarbeiter eher respektieren werden. Jemanden zu respektieren, auf den sich deine Mitarbeiter nicht verlassen können und der sich nicht an sein Wort hält, wird den meisten Menschen hingegen eher schwerfallen. Daher ist auch deine Zuverlässigkeit von zentraler Bedeutung.

6.1 Deinen Einfluss als Führungskraft aktiv ausbauen

Respekt ist eine der wichtigsten Grundzutaten, um deine Mitarbeiter mit ins Boot zu holen. Doch das allein reicht noch nicht aus. Schließlich kannst du deine Mitarbeiter durch dein Handeln und Sein dazu bewegen, dich aktiv unterstützen zu wollen.

Nun geht es nicht mehr nur darum, dass dir deine Mitarbeiter grundsätzlich folgen. Vielmehr wäre es ideal, wenn sie sich mit voller Kraft für die von dir vorgegebenen Ziele einsetzen würden. Diesen positiven Einfluss kannst du meist nur dann auf Menschen ausüben, wenn du den folgenden Ansprüchen auch selbst gerecht wirst:

- Du interessierst dich ehrlich für deine Mitarbeiter
- Du trittst deinen Mitarbeitern offen, ehrlich, freundlich und wertschätzend entgegen
- Auf dein Wort ist verlass
- Du machst dich für die Anliegen deiner Mitarbeiter stark, sofern es dir möglich ist

Je wohlwollender du deinen Mitarbeitern gegenüberstehst, desto eher werden sie dir also mit der gleichen Einstellung begegnen. Schließlich gilt grundsätzlich das folgende Prinzip: Je mehr du das (Berufs-) Leben deiner Mitarbeiter bereichern kannst, desto mehr werden sie bemüht sein, dies im Gegensatz auch für dich zu tun. In der Praxis bedeutet dies, dass deine Mitarbeiter dann eher bereit sind, sich deiner Führung willentlich und bewusst hinzugeben.

~

Notizen

7 Überzeugungskraft – Wie Du Menschen lenken kannst

Neben dem Respekt deiner Mitarbeiter ist auch deine Überzeugungskraft eine wichtige Grundzutat, um Menschen dazu zu bewegen, dir zu folgen, und sie zu lenken. Wenn dich jemand respektiert, wird dir diese Person tendenziell eher ihr Gehör schenken, wenn du ihr eine Idee vorstellst. Nun liegt es an dir, sie mit deiner Überzeugungskraft dazu zu bewegen, auch ihr Handeln entsprechend anzupassen und praktisch tätig zu werden.

Dabei gibt es durchaus einen gewichtigen Unterschied zwischen Überzeugungskraft und dem bloßen Überreden eines Menschen. In beiden Fällen wirst du natürlich auch sachliche Argumente aufgreifen und wahrscheinlich verschiedene Rhetorik-Methoden nutzen, um den gewünschten Effekt zu erzielen. Wenn du einen Menschen wirklich überzeugen willst, braucht dies jedoch deutlich mehr Zeit. Außerdem ist eine solide Vertrauensbasis eine weitere wichtige Grundvoraussetzung.

Mit deiner Überzeugungskraft zielst du schließlich darauf ab, dass deine Mitarbeiter von deiner Meinung oder deinem Weg wirklich überzeugt sind und sich nicht einfach nur lange genug von dir haben überreden lassen. Sie kommen im besten Fall zu der inneren Einsicht, dass ihr genau diesen Weg gemeinsam beschreiten solltet. Auch an dieser Stelle spielt die Unterscheidung zwischen dem äußeren und inneren Erleben, genau wie bei der Frage der Motivation auch, eine wichtige Rolle.

Schließlich kannst du einen Menschen wahrscheinlich mit extrinsischen Anreizen dazu bewegen, etwas zu tun. Dies muss nicht unbedingt seiner inneren Überzeugung entsprechen. Zumindest darf die Handlung seiner inneren Überzeugung jedoch nicht widersprechen. Was bei einer Handlung, die rein auf extrinsischen Anreizen basiert, jedoch fehlt, ist eine tiefergehende, innere Überzeugung, die am besten auch die Werte anspricht, die dem Mitarbeiter besonders wichtig sind.

Somit gewinnt eine Entscheidung, die auf diese Art und Weise getroffen wird, viel mehr an innerem Wert und damit auch an Überzeugung. Um diese Art von Überzeugungsarbeit zu leisten, ist es zumeist notwendig, dass du deine Mitarbeiter und Mitarbeiterinnen zumindest teilweise in den Entscheidungsprozess mit einbeziehst.

Dies entspricht zudem einer wertschätzenden Haltung, die besagt, dass deine Mitarbeiter einen wertvollen

Beitrag zu dem jeweiligen Projekt liefern können und dir ihre Meinung daher wichtig ist.

Je mehr du deinen Mitarbeitern dabei hilfst, auch aus eigener Kraft zu dem Entschluss zu kommen, dass die Lösung, die du vorschlägst, die richtige ist, desto eher werden sie diese Entscheidung mit Überzeugung treffen und umsetzen. Dies kann den Planungs- sowie den anschließenden Entscheidungsprozess zwar in die Länge ziehen. Das ist jedoch häufig nur zu Anfang der Fall. Denn sobald sich viele Muster der gelungenen Führung erst einmal etabliert haben und sich eine Vertrauensbasis gebildet hat, könnt ihr viele dieser Prozesse in Zukunft deutlich einfacher und schneller gemeinsam durchlaufen.

7.1 Praktische Tipps für mehr Überzeugungskraft

Selbstverständlich ist deine Wirksamkeit als Führungskraft längst nicht nur von deinen sachlichen Argumenten abhängig. Schließlich hat Überzeugungskraft auch etwas mit deiner Ausstrahlung, Charisma sowie natürlich mit deinem Selbstbewusstsein zu tun. Wenn du andere überzeugen möchtest, ist es unerlässlich, dass du selbst von deiner Idee überzeugt bist. Sofern du zweifelst, kommunizierst du dies bewusst oder unbewusst auch nach außen. Praktisch bedeutet dies für dich, dass du deine Mitarbeiter leichter überzeugen kannst, wenn du folgende Tipps beherzigst:

1. Du solltest dir deiner Sache möglichst sicher sein, wenn du sie deiner Belegschaft vorstellen möchtest
2. Du solltest dich von Kritik gegenüber deinem Vorschlag nicht gleich ins Bockshorn jagen lassen und dennoch die Möglichkeit in Erwägung ziehen, dass an der Kritik etwas dran sein könnte
3. Wenn du hochmotiviert bist und für deine Idee brennst, stehen die Chancen nicht schlecht, dass deine Mitarbeiter es auch tun werden
4. Je selbstbewusster du deinen Mitarbeitern deine Idee vorstellen kannst, desto eher werden sie diese in Erwägung ziehen – Selbstzweifel können sonst als Zweifel an deiner Idee interpretiert werden
5. Je größer das Unterfangen und je ungewöhnlicher dein Vorschlag, desto mehr Zeit solltest du im Zweifel einplanen, um deine Mitarbeiter zu überzeugen
6. Je mehr Zeit du einplanst, desto eher können deine Mitarbeiter sich deiner Idee aus freien Stücken anschließen, anstatt dass du irgendwann mit Druckmitteln von außen auf sie einwirken

musst

7. Je mehr du deine Mitarbeiter in die Ausarbeitung einer Lösung einbindest, desto eher stehen sie später hinter diesem Lösungsansatz
8. Je mehr die Idee nicht nur von theoretischem, sondern für die Mitarbeiter auch von persönlichem Nutzen ist, desto eher werden sie sich darauf einlassen

Das, wovon du deine Mitarbeiter überzeugen willst, gilt es so klar wie möglich zu kommunizieren. Deine Mitarbeiter sollen genau wissen, worum es geht. Gleichzeitig bringt es nichts, deinen Mitarbeitern lediglich die nackten Fakten zu präsentieren. Dies geht häufig nach hinten los. Schließlich bedarf es bei vielen Menschen auch irgendeiner Art von emotionaler Reaktion, damit sie sich für ein bestimmtes Handeln entscheiden können. Wenn dein Vorschlag etwas Positives in deinen Mitarbeitern auslöst oder bewegt, werden sie sich leichter dafür entscheiden.

Daher kann der Besuch eines Rhetorik-Seminars für Führungskräfte und die, die es noch werden wollen, so nützlich sein. Dort lernst du, wie du wichtige Dinge so kommunizieren kannst, dass sie ankommen und deine Mitarbeiter bewegen. Häufig geschieht dies mit einer gehörigen Portion Humor, während du gleichzeitig an deiner Ausstrahlung arbeiten kannst. Letztendlich geht es vor allem darum, deine Überzeugungskraft so einzusetzen, dass du Menschen dazu bewegen kannst, deine Ziele zu ihren Zielen zu machen. Schließlich wird sich jeder Mensch seinen eigenen Zielen deutlich mehr verpflichtet fühlen als den Zielen anderer.

7.1.1 Rhetorik für Führungskräfte

Wer eine Idee selbstbewusst und souverän präsentieren kann, steigert seine Chancen, andere Menschen von dieser Idee zu überzeugen erheblich. Dass es sich in der Tat um eine gute Idee handelt, reicht allein nicht aus. Natürlich sollte die jeweilige Idee auf dem nötigen Fachwissen beruhen. Doch über deine Kompetenz hinaus ist es mindestens ebenso wichtig, wie du deine Idee und damit auch deine Kompetenz zum Ausdruck bringst. Wie du etwas kommuniziert ist daher genauso bedeutsam wie die Sache, die du kommunizierst.

Sich mit dem Thema Rhetorik zu beschäftigen, ist daher allen Managern und Führungskräften zu empfehlen. Natürlich gibt es sie: Die geborenen Redner unter den Führungskräften. Doch auch sie beherzigen die grundlegenden Regeln der Rhetorik, die sie sich in ihrem bisherigen Leben durch glückliche Umstände womöglich an den verschiedensten Stellen abschauen und sich diese auch ohne ein Seminar oder ein Buch zu Eigen machen konnten. Allerdings kann selbst ein sehr guter Redner immer noch etwas dazulernen.

Während der Raum an dieser Stelle viel zu begrenzt ist, um auf die verschiedensten rhetorischen Ansätze und Techniken umfassend einzugehen, dürfte das Ziel klar sein: Es geht darum, den persönlichen Kontakt zu deinem Gesprächspartner herzustellen, möglichst frei, sicher und überzeugend zu sprechen und die Interessen und Bedürfnisse deiner Zuhörer bestmöglich abzudecken. Viele dieser Ziele kannst du bereits durch deine bloße Wortwahl zumindest in Teilen erreichen.

So gibt es zum Beispiel Menschen, die eher visuell oder eher auditiv veranlagt sind. Diesen Umstand kannst du dir auch bei deiner Präsentation zu Nutze machen. Einen visuellen Menschen sprichst du zum Beispiel an, indem du eine sehr bildliche Sprache nutzt und auch Verben wie „sehen" aktiv verwendest. Worte wie „klingen" und „ruhig" sowie feine Unterschiede bei deiner Tonlage und der Betonung von Wörtern sprechen den auditiven Typ an. Darüber hinaus gibt es den kinästhetischen Typ, der vor allem in der Welt seiner Gefühle unterwegs ist. Wenn du diesen Typ dazu einlädst, bezüglich deiner Ideen einfach mal in sich hinein zu fühlen, hast du bereits viel gewonnen.

Somit hat gelungene Rhetorik auch viel mit einer gehörigen Portion Menschenkenntnis zu tun. Doch nicht immer kannst du dir sicher wissen, ob gerade ein auditiver, visueller oder kinästhetischer Typ vor dir sitzt. Daher tust du gut daran, Bilder, Metaphern, Worte und Ausdrücke sowie Gesten und eine bewusste Betonung derart einzusetzen, dass du alle drei Typen gleichzeitig abholst. Deine Zuhörer werden sich dann schon die Metaphern und Bilder raussuchen, die für sie persönlich besonders stimmig sind.

Genauso gibt es Menschen, die ausgesprochen viel mit Zahlen, nackten Fakten und bloßen Daten anfangen können. Andere Menschen brauchen hingegen eher eine Geschichte, damit Dinge für sie anschaulich werden. Diese wichtigen Nuancen der Kommunikation zu meistern, ist nur ein Aspekt, bei dem dir die Lehre der Rhetorik helfen kann. So kannst du lernen, die Macht der Sprache für dich und deine Zwecke zu nutzen.

Gleichzeitig ist auch dein stimmliches sowie körperliches Ausdrucksvermögen von Bedeutung. Schließlich kommunizierst du auch mit deinem Körper, ob du von einer Sache überzeugt bist oder nicht. Deinen Körper bis in die kleinsten Bewegungen zu beherrschen und dir deiner Mimik und Gestik auch im kleinsten Detail bewusst zu sein, ist eine Fähigkeit, die dich auf deinem

Weg, zu einer überzeugenden, charismatischen, selbstsicheren Führungskraft zu werden, sicherlich einen entscheidenden Schritt weiterbringen wird.

~

Notizen

8 Deine bevorzugte Führungstechnik finden

Führungstechniken und Führungsstile gibt es wie Sand am Meer. Während dieser Ratgeber einen wertschätzenden Umgang miteinander als unerlässliche Grundlange voraussetzt, kannst du dir viele verschiedene Führungstechniken bei der Umsetzung dieses Führungsstils zu Eigen machen. Bei deinem Führungsstil handelt es sich dabei um die grundsätzliche Verhaltensweise, die du deinen Mitarbeitern gegenüber dauerhaft an den Tag legst. Die wichtigsten Facetten des wertschätzenden Umgangs miteinander hat dir dieser Ratgeber bereits umfassend aufgezeigt.

Bei den Methoden und Möglichkeiten, über die du dich nachfolgend informieren kannst, handelt es sich gemäß des Prinzips der Wertschätzung grundsätzlich um Führungstechniken der kooperativen Führung. Wenn du es schaffst, deine Mitarbeiter richtig zu lenken und zu führen, dann hat dies schließlich die folgenden positiven Auswirkungen für dich und das Unternehmen:

1. Die Mitarbeiter übernehmen viel Eigenverantwortung (vor allem bei Routineaufgaben), so dass du dich möglichst voll und ganz auf deine eigentliche Führungsaufgabe konzentrieren kannst
2. Dass deine Mitarbeiter ihre Arbeit derart selbstständig im Rahmen der ihnen eingeräumten Entscheidungsfreiräume ausüben können, sorgt für mehr Motivation und ein besseres Arbeitsklima
3. Durch diese Art der Führung lässt sich die Leistung deiner Mitarbeiter und eures Unternehmens einfacher an die sich stets dynamisch verändernden Umgebungsbedingungen anpassen

Vor allem wenn du deiner Personalführung einen Rahmen geben möchtest, solltest du dich mit den wichtigsten Führungstechniken in Ruhe beschäftigen. Sie zeigen dir schließlich auch verschiedene Möglichkeiten auf, wie du deinen Mitarbeitern ein Mitgestaltungsrecht einräumen kannst. Dass sich die einzelnen Führungstechniken mitunter nicht klar voneinander abgrenzen lassen, sollte im Übrigen nicht allzu sehr zum Problem werden.

Schließlich ist es in vielen Unternehmen durchaus der Fall, dass die dortige Führungsriege auf eine Mischform der nachfolgend genannten und im nächsten Abschnitt näher erläuterten Führungstechniken zurückgreift. Grundsätzlich sind alle Führungstechniken dazu da, um die folgenden Spielregeln in einem Unternehmen möglichst genau zu definieren:

- Was Führung in dem jeweiligen Unternehmen bedeutet
- Deine Stellung als Führungskraft sowohl innerhalb der Organisation als auch innerhalb deines Teams
- Die Stellung deiner Mitarbeiter
- Wie das Management und die Mitarbeiter miteinander umgehen

Die Beschreibung der nachfolgenden Techniken soll dir demnach bei der Beantwortung der Frage, wie du deinen Führungsstil am besten in der Praxis umsetzen kannst, behilflich sein. Während dieser Ratgeber an dieser Stelle nicht näher auf die verschiedensten Arten von Führungsinstrumenten eingehen wird, solltest du im Hinterkopf behalten, dass es eine große Vielzahl Führungsinstrumenten gibt, die du nutzen kannst, um das Verhalten deiner Mitarbeiter zu beeinflussen.

Lob durch dich als Vorgesetzten sowie ein höheres Gehalt sind nur zwei dieser Möglichkeiten.

Wichtig ist vor allem, dass du deinen Führungsstil, deine Führungstechnik und die Führungsinstrumente, auf die du zurückgreifen möchtest, aufeinander abstimmst. Sie sollten so ineinandergreifen, dass alle Maßnahmen und Ansätze auf ein gemeinsames Ziel ausgerichtet sind und dir dabei helfen, dies möglichst wertschätzend deinen Mitarbeitern gegenüber zu erreichen.

8.1 Die wichtigsten Führungstechniken im Überblick

An dieser Stelle soll es nun um die wichtigsten Führungstechniken gehen, die du nutzen kannst, um deinen Führungsstil praktisch umzusetzen. Grundsätzlich stehen die folgenden Management-Arten für dich zur Auswahl:

1. Management by Objectives
2. Management by Decision Rules
3. Management by Exception
4. Management by Delegation
5. Management by Systems

6. Management by Results
7. Management by Question
8. Management by Motivation
9. Management by Participation

Sofern du dir die erste der genannten Techniken zu Eigen machst, arbeitest du mit deinen Mitarbeitern zusammen, um die wichtigsten Betriebsziele gemeinsam zu definieren. Daher wird diese Führungstechnik im Deutschen auch als „Führung durch Zielvereinbarung" bezeichnet. Sobald eine Zielvereinbarung getroffen wurde, werden die Verantwortlichkeiten und Aufgaben der einzelnen Abteilungen, die zum Erreichen des Unternehmensziel erforderlich sind, im Detail festgelegt. Dabei kann jede Abteilung selbst entscheiden, wie sie ihr Ziel erreichen will. Denn was zählt, ist das Ziel, während die Abteilung bei der Erreichung des Endziels jede Menge Entscheidungsfreiraum genießt. Bei der Formulierung dieser Ziele ist darauf zu achten, dass die folgenden Kriterien erfüllt sind:

- Spezifisch
- Messbar
- Realistisch
- Erreichbar
- Zeitlich genau definiert/ terminiert

Beim zweiten Prinzip handelt es sich hingegen um die Führung anhand von Entscheidungsregeln. Diese Regeln geben vor, wie Entscheidungen zu fällen sind. Vor allem kann dank dieser Führungsregeln vermieden werden, dass es Unklarheiten bezüglich des Entscheidungsträgers gibt und Entscheidungen an verschiedenen Stellen im Unternehmen vielleicht sogar doppelt getroffen werden.

Sofern du dich für das Prinzip „Management by Exception“ entscheidest, praktizierst du eine Mitarbeiterführung gemäß dem Ausnahmeprinzip. Das bedeutet, dass deine Mitarbeiter Routineentscheidungen selbst treffen können. Nur wenn es um außerordentliche Entscheidungen geht oder Entscheidungen nur für einzelne Abteilung gelten sollen, wirst du als Chef demnach eingreifen und entweder allein oder zumindest mitentscheiden.

Auch das Management by Delegation kann sich in vielen Situationen bewähren. Dabei geht es darum, dass du Aufgaben delegierst. Obwohl du als Führungskraft aktiv bist, triffst du also nicht alle unternehmensrelevanten Entscheidungen allein. Vielmehr überlegst du, wer welche Arten von Unternehmensentscheidungen am besten treffen könnte und verteilst die entsprechenden Entscheidungskompetenzen.

Auch beim Management by Exception handelt es sich streng genommen um eine Art von Management by Delegation. Schließlich hast du in diesem Fall entschieden, dass deine Mitarbeiter Routineentscheidungen auch ohne dich treffen können. Durch die Delegation sollen deine Mitarbeiter möglichst eigenverantwortlich arbeiten, was ein wichtiger Bestandteil eines wertschätzenden Miteinanders ist. Dabei gibt es eine Vielzahl an Gründen, die erklärt, warum das Delegieren von Aufgaben so sinnvoll ist:

1. Du als Führungskraft wirst nicht immer unbedingt über alle relevanten Informationen verfügen, die von Nöten sind, um die bestmögliche Entscheidung treffen zu können
2. Delegation fördert das Verantwortungsgefühl deiner Mitarbeiter
3. Mitarbeiter, die Verantwortung übernehmen dürfen, sind in der Regel motivierter, da du ihnen damit zeigst, dass du ihnen etwas zutraust
4. So werden Fachleute mit besseren Sachkenntnissen als du zu den Entscheidungsträgern
5. Somit können Entscheidungen auf Basis von möglichst viel Fachwissen getroffen werden

Um diese Art des Managements umzusetzen, musst du dich mit den Kompetenzen der verschiedenen Mitarbeiter jedoch vergleichsweise gut auskennen. Schließlich musst du genau wissen, wem du welche Entscheidung anvertrauen kannst und wem lieber nicht. Immerhin gibt es auch entscheidungsscheue Mitarbeiter, die zwar über die nötigen Fachkenntnisse verfügen, jedoch mitunter an sich und ihren Fähigkeiten zweifeln und daher lieber keine (Entscheidungs-) Verantwortung übernehmen wollen.

Wenn du mehr Leistungsbereitschaft bei deinen Mitarbeitern erreichen, selbst weniger Routineaufgaben erledigen und die Kompetenzen deiner Mitarbeiter möglichst optimal nutzen willst, ist es auf jeden Fall sinnvoll, diesen Weg zu beschreiten. Nichts desto trotz ist dieser Ansatz auch mit Nachteilen verbunden, über die du dir unbedingt bewusst sein solltest. Schließlich kann es passieren, dass deine Mitarbeiter bestimmte Negativinformationen unterdrücken, um ein Eingreifen in den Entscheidungsprozess deinerseits so zu verhindern.

Ebenso kann es passieren, dass du in einer unbekannten Situation wieder die Entscheidungsmacht an dich nimmst. Dies kann jedoch zu negativen Auswirkungen führen, da du das Verantwortungsbewusstsein oder die Kompetenz deiner Mitarbeiter durch dieses Handeln womöglich infrage stellst. Deinen Mitarbeitern Entscheidungskompetenz, die du ihnen bereits erteilt hattest, nachträglich wieder zu entziehen, führt fast immer zu einem negativen Beigeschmack, so dass dieser Schritt gut überlegt sein will.

Viele dieser Anmerkungen gelten für das Management by Systems nicht im gleichen Maße. Schließlich werden Aufgaben zwar auch in diesem Fall delegiert, wobei häufig jedoch diverse computergestützte Systeme zum Einsatz kommen, um Entscheidungen entweder selbst zu treffen oder wichtige Entscheidungshilfen anzubieten und Entscheidungsempfehlungen auszusprechen. Nicht in allen Industrien ist diese Art der Entscheidungsfindung gleichermaßen von Bedeutung, weshalb wir an dieser Stelle nur am Rande auf diese Möglichkeit eingehen möchten.

Beim sogenannten Management by Results geht es darum, eine bewusst Ergebnisorientierung bei deinem Führungsstil zu adaptieren. Anstatt Detailaufgaben zu vergeben, gibst du größere Ziele, die erreicht werden sollen, vor. Wie die Ziele erreicht werden, bleibt deinen Mitarbeitern überlassen. Allerdings werden die Ergebnisse, die sie erreicht haben, mit dem Soll verglichen. Daher führst du als Führungskraft eine Leistungskontrolle durch. Grundsätzlich ist bei diesem

Modell davon auszugehen, dass deine Mitarbeiter nur über begrenzte Mitbestimmungsbefugnisse verfügen.

Diese Taktik wirst du im Vergleich zu den anderen Führungstechniken im Rahmen der wertschätzenden, wachstumsfördernden Mitarbeiterführung daher wahrscheinlich eher selten nutzen. Gleiches gilt auch für den folgenden Ansatz: Denn die Erfolgsquote des Management by Question lässt sich nicht wirklich nachweisen.

Schließlich ergeben sich aus Fragen häufig neue Fragen, so dass dieser Ansatz häufig nicht mit der nötigen Klarheit einhergeht.

Auf das Management by Motivation ist dieser Ratgeber zumindest indirekt bereits eingegangen. Diese Führungstechnik setzt auf ein verhaltensorientiertes Führungsmodell, bei dem die Bedürfnisse der Mitarbeiter stärker in den Mittelpunkt rücken. Dabei geht es darum, deine Mitarbeiter möglichst stark an ihre Arbeit zu binden und sie für diese Arbeit durch und durch zu begeistern. Monetäre und materielle Belohnungen spielen dabei im Vergleich zu den folgenden Anreizen nur eine untergeordnete Rolle:

1. Lob und Anerkennung durch den Chef
2. Übertragung eines noch größeren Verantwortungsbereichs an die erfolgreichen Mitarbeiter
3. Einräumen von noch mehr Entscheidungsfreiheiten, nachdem sich deine Mitarbeiter erst einmal unter Beweis gestellt haben
4. Mitwirkung der Mitarbeiter bei der Definition der Unternehmensziele

Das Management by Participation hat sich dabei vor allem Punkt 4 auf die Fahnen geschrieben. Diese Theorie besagt, dass Mitarbeiter motivierter an ihre Arbeit herangehen und mehr Leistung erbringen, wenn sie an wichtigen, strategischen Unternehmensentscheidungen beteiligt werden. Schließlich können sich deine Mitarbeiter dann eher mit den jeweiligen Zielen identifizieren. Dies führt gleichzeitig auch dazu, dass die Unternehmens- sowie die Ziele und Bedürfnisse deiner Mitarbeiter im Laufe der Zeit immer weniger im Konflikt miteinander stehen.

~

Notizen

9 Die nötigen Rahmenbedingungen schaffen

Als Führungskraft bist du im Rahmen der gelungenen Mitarbeiterführung nicht nur dazu angehalten, an dir selbst zu arbeiten und dich als wertschätzende Führungspersönlichkeit zu beweisen. Vielmehr ist das Schaffen der richtigen Rahmenbedingungen unerlässlich, damit sich deine Mitarbeiter wohlfühlen und ihren bestmöglichen Beitrag zu deinem unternehmerischen Erfolg leisten können. Von einer guten Arbeitsatmosphäre über Möglichkeit zum Austausch der Mitarbeiter untereinander bis hin zu Weiterbildungen und Coachings, die du deinen Mitarbeitern anbietest, kannst du nur wann auf ihr Wachstum zählen, wenn du auch die nötigen Rahmenbedingungen dafür geschaffen hast.

Dabei liegt es teilweise gar nicht in deiner Hand, diese Rahmenbedingungen zu schaffen. Schließlich stößt du meist zu einem bestehenden Unternehmen dazu, in dem sich eine gewisse Unternehmenskultur bereits etabliert hat. Konkret bedeutet dies für dich, dass du schon vor deinem Einstand als Führungskraft überlegen solltest, ob du in diesem Unternehmen überhaupt erfolgreich sein kannst. Daher ist es so wichtig, dass du an die Unternehmenswahl bereits mit einem soliden Verständnis davon, wer du als Führungspersönlichkeit sein willst, herangehst.

Selbst wenn du zum ersten Mal die Chance bekommen solltest, Chef zu sein, tust du gut daran, dir vor dem Antritt dieser Stelle möglichst genau zu überlegen, auf welchen Umgang miteinander du Wert legst. Dabei gilt es auch abzuklären, wie viel Entscheidungsspielraum du in deiner neuen Rolle haben wirst. Wie viel Budget steht dir zur Verfügung, um deine Mitarbeiter zu fördern und die Rahmenbedingungen zu ändern? Inwiefern ist dein Chef überhaupt offen dafür, dass du als neue Führungskraft neue Ideen anstößt und sie im Unternehmen umsetzt?

Da du meist noch mindestens eine Hierarchieebene über dir vorfinden wirst, ist es so wichtig, dass du sichergehst, dass du und die Führungspersonen über dir die grundlegend gleichen Werte teilen. Einen Konzern von unten nach oben ändern zu wollen, kann sonst schnell zu einem sehr mühseligen oder ganz und gar hoffnungslosen Unterfangen werden. Wenn du Beobachtungen wie diese machst, bist du als wertschätzende Führungskraft bei dem jeweiligen Unternehmen jeweils alles andere als gut aufgehoben.

1. Die Mitarbeiter in dem Konzern unterliegen kleinlichen Kontrollzwängen und haben kaum Raum, um ihre Stärken aktiv auszuspielen
2. Die Mitarbeiter werden nicht in ihrer Ganzheit als Menschen gesehen
3. Das Unternehmen zahlt seinen Mitarbeitern nur Dumpinglöhne
4. Es herrscht eine extrem hohe Mitarbeiterfluktuation vor, die darauf hinweist, dass in dem Unternehmen etwas nicht stimmt
5. Die Mitarbeiter werden bis zur Erschöpfung auf Höchstleistung getrimmt und sind maßlos überarbeitet
6. Überstunden sind nicht die Ausnahme, sondern vielmehr die Norm

Dich mit der theoretischen und gelebten Firmenphilosophie eines Unternehmens in Ruhe auseinanderzusetzen, ist daher nur in deinem Sinne, wenn du in deinem späteren Beruf als Führungskraft bei diesem Konzern auch etwas bewirken willst.

Ein Konzern, der seine Mitarbeiter und Führungskräfte gleichermaßen wertschätzt, wird es sogar begrüßen, wenn du dich mit dieser Thematik sehr genau und aktiv auseinandersetzt.

Dabei macht es durchaus Sinn, bei der Beurteilung des Betriebsklimas und des Umgangstons, der vorherrscht, auch auf dein Bauchgefühl und deine Menschenkenntnis zu hören.

Im Beisein einer externen, fremden Person sind die meisten Mitarbeiter und Unternehmen schließlich darauf fokussiert, einen möglichst guten Eindruck zu machen. Doch der schöne Schein lässt sich nicht auf Dauer aufrechterhalten und wenn ein wertschätzender Umgang miteinander nicht aktiv gelebt wird, sollte dir das verhältnismäßig schnell auffallen. Ein vorbildliches Unternehmen, bei dem du gelungene Mitarbeiterführung praktizieren kannst, wird in der Regel den nachfolgenden Kriterien gerecht:

1. Die Mitarbeiter stehen auch als Mensch im Mittelpunkt
2. Die Bedürfnisse der Mitarbeiter sind wichtig und beeinflussen das unternehmerische Handeln, sofern dies möglich ist
3. Mitarbeiter werden für ihren Einsatz und besondere Leistung belohnt
4. Es herrscht ein angenehmer, positiver, freundlicher Umgangston miteinander
5. Das Unternehmen setzt sich aktiv dafür ein, die Stärken seiner Mitarbeiter zu fördern
6. Fehler werden als Chancen angesehen

7. Der Erfolg des Unternehmens wird als Teamerfolg und nicht als Einzelerfolg verstanden

9.1 Wichtige Grundvoraussetzungen und Incentives

Vielleicht wirst du beim Lesen der nachfolgenden Zeilen nur die Augenbrauen hochziehen und dich fragen, wo es solch ein Unternehmen denn gibt. Dabei gibt es sie durchaus: Firmen, die sich für ihre Mitarbeiter einsetzen, auf einen wertschätzenden Umgang bedacht sind und auch ihren unternehmerischen Erfolg nicht aus den Augen verlieren. Dass besonders die schlechten Arbeitgeber aufgrund ihrer horrenden Missstände immer wieder Schlagzeilen machen, soll nicht heißen, dass diese Firmen in der Überzahl sind.

Außerdem solltest du eins nicht vergessen: Dieser Ratgeber stellt dir ein Idealbild vor. Dieses Ideal dauerhaft in der Praxis zu erreichen, ist jedoch schier unmöglich. Dazu unterliegt die Arbeitswelt einfach viel zu vielen dynamischen Veränderungen und die Ressourcen eines jeden Unternehmens sind begrenzt.
Nichts desto trotz bedeutet das Streben nach dem Ideal, dass du dich immer näher in Richtung der gelungenen

Mitarbeiterführung und Schritt für Schritt weiter weg von Strategien der Mitarbeiterführung bewegst, die einfach nicht funktionieren.

Auch wenn du also nicht über die nötigen finanziellen Ressourcen verfügst, um alle der nachfolgenden Maßnahmen umzusetzen, so können selbst kleine Veränderungen Großes bewirken. Schließlich werden dir viele Mitarbeiter selbst den Willen und den Versuch, ihre Arbeitsbedingungen positiv zu verändern, mit mehr Einsatzbereitschaft danken. Je mehr der folgenden Kriterien erfüllt sind, desto besser ist dies für die Zusammenarbeit mit deinen Mitarbeitern.

1. Deine Mitarbeiter werden angemessen vergütet und können von ihrem Gehalt leben
2. Jeder Mitarbeiter hat seinen eigenen Arbeitsplatz
3. Es gibt einen ansprechenden Pausen-/ Aufenthaltsraum, bei dem sich die Mitarbeiter auch zum Austausch treffen können
4. Ab und zu gibt es Team-Events, die den Zusammenhalt der Belegschaft fördern
5. Jedem Mitarbeiter stehen die nötigen Ressourcen für seine Arbeit zur Verfügung
6. Es sind genügend Mitarbeiter vorhanden, um die anfallenden Arbeiten zu erledigen – Überstunden müssen nur ausnahmsweise gemacht werden

oder werden vergütet

7. Du suchst kreative Lösungen, damit deine Mitarbeiter ihr Privat- und Berufsleben bestmöglich vereinbaren können
8. Falls dies mit ihrer Arbeit zu vereinbaren ist, können deine Mitarbeiter auch vom Home-Office aus arbeiten
9. Es kommen verschiedene Support-Lösungen (Assistenzkräfte, technische Lösungen, etc.) zum Einsatz, damit deine Mitarbeiter sich nur wenig mit lästigen Neben- und vorrangig mit ihren wichtigen Hauptaufgaben beschäftigen können
10. Es gibt Wachstums- oder Aufstiegsmöglichkeiten in deinem Unternehmen (sonst gibt es kaum etwas, wonach deine Mitarbeiter im Zuge ihres Wachstums streben können)

Dabei können selbst vermeintliche Kleinigkeiten viel ausmachen. Über eine Aufmerksamkeit zum Geburtstag freut sich dein Mitarbeiter sicherlich. Einige Firmen gehen auch dazu über, ihre Mitarbeiter zu besonderen Firmenjubiläen eine kleine Anerkennung zukommen zu lassen. Die Möglichkeit, zusammen mit den Kollegen Sport zu treiben, heißen gerade viele junge Mitarbeiter ebenso willkommen.

Dabei können die Mitarbeiter Team-Events wie diese durchaus auch selbst organisieren.

Als Führungskraft tust du in dieser Hinsicht schließlich gut daran, dich an den Wünschen deiner Mitarbeiter zu orientieren und ihnen zu einem gewissen Grad das Zepter in die Hand zu geben. Diese Art von Mitbestimmungsrecht ist für viele Mitarbeiter bereits Incentive genug, sich einzubringen. Sie merken schließlich, dass sie aktiv etwas bewegen können. Auf welche Incentives deine Mitarbeiter am ehesten anspringen würden, können sie dir wohl am besten sagen. Da es immer wieder Engpässe in deinem Konzern geben wird, tust du außerdem gut daran, auch in derart herausfordernden Zeiten auf Incentives zu setzen.

Ihr steht kurz vorm Ziel und es ist noch jede Menge zu tun, bis ihr euer großes Projekt zu einem erfolgreichen Abschluss bringen könnt? Wenn sie wissen, dass sie neben den bezahlten Überstunden auch einen zusätzlichen Urlaubstag geschenkt bekommen, werden sich deine Mitarbeiter wahrscheinlich weitaus mehr in ihre Arbeit hineinknien. Auch wenn dies manch einem Unternehmer wie ein hoher Preis für ein paar Überstunden vorkommen mag, macht sich diese Investition häufig gleich in mehrfacher Hinsicht bezahlt:

1. Deine Mitarbeiter arbeiten bis zum Ende des Projekts motivierter
2. Du räumst den Mitarbeitern die nötige Zeit ein, um sich im Anschluss an solch ein anstrengendes Projekt zu erholen (indem du ihnen zum Beispiel ein verlängertes Wochenende in Aussicht stellst)
3. Wenn deine Mitarbeiter anschließend das nächste Projekt starten, sind sie erholter und können dementsprechend bessere Arbeit leisten

~

Notizen

9.2 *Wie kannst Du Deine Mitarbeiter gezielt fördern?*

Wenn es um die aktive Mitarbeiterförderung geht, sind viele Chefs sehr unsicher und verstecken sich gerne hinter der zuständigen Personalabteilung. Schließlich gilt in vielen Unternehmen, dass die Personalabteilung auch für die Personalentwicklung zuständig ist. Dies kann jedoch nur bis zu einem gewissen Grad funktionieren. Denn Mitarbeiterförderung kann nicht nur auf die klassischen Maßnahmen der Personalentwicklung setzen.

Schließlich beschäftigt sich die Personalentwicklung vorrangig mit den Zielen des Unternehmens. Es gilt also, die Mitarbeiter so zu fördern, dass sie für das Unternehmen noch nützlicher und wertvoller werden. Da dies häufig sehr kostspielig ist, werden Coachings, Trainings und Co. häufig als eine Investition in einen Mitarbeiter angesehen, der sich aus diesem Grund oftmals verpflichten muss, noch für eine bestimmte Zeit im Anschluss an die Trainingsmaßnahme bei dem Unternehmen zu bleiben.

Die Vorstellungen, was Wachstum und eine positive Entwicklung für den einzelnen Mitarbeiter bedeuten, können jedoch weit auseinander gehen, wenn du die Personalabteilung und den betreffenden Mitarbeiter dazu befragst. Womöglich wäre es im Unternehmensinteresse, wenn Mitarbeiter X seine ohnehin schon exzellente Fähigkeit Y weiter vertiefen würde. Mitarbeiter X hat dazu aber gar keine Lust. Er hat Fähigkeit Y gemeistert und sehnt sich jetzt nach einer neuen Herausforderung. Daher würde Mitarbeiter X als Quereinsteiger viel lieber in einer anderen Abteilung (wenn auch im gleichen Unternehmen) anfangen.

Es geht also nicht nur darum, die Potentiale, die in deinen Mitarbeitern schlummern, zu fördern. Vielmehr ist es wichtig, die Wachstumsmöglichkeiten zu fokussieren, die zwar in deinem unternehmerischen Interesse sind, aber auch von dem Mitarbeiter angestrebt werden. Denn Höchstleistungen kannst du nur dann erwarten, wenn ein Mitarbeiter etwas wirklich gut kann und einen Sinn in seiner Arbeit sieht. Personalentwicklung vorbei am Mitarbeiter ist genau aus diesem Grund wertlos.

Da du als Führungskraft im direkten Kontakt mit deinem Mitarbeiter stehst, kannst du durchaus Impulse setzen. Wenn du meinst, erkannt zu haben, dass ein Mitarbeiter besondere Fähigkeiten besitzt, die er selbst noch nicht wahrgenommen zu haben scheint, kannst du deinen Mitarbeiter zunehmend gemäß diesen Fähigkeiten

einsetzen. Verbunden mit einem Lob und der Ermunterung, ohne Angst vor Fehlern etwas Neues auszuprobieren, kann dein Mitarbeiter sich nun an etwas Neuem versuchen.
Erst wenn die Entscheidung, dass dies der richtige Weg ist, auch von Mitarbeiterseite aus gefallen ist, macht es jedoch Sinn, über die klassischen Maßnahmen der Personalentwicklung nachzudenken. Dazu können nicht nur externe Schulungen, Coachings, Workshops und Seminare, sondern auch firmeninterne Coachings gehören, bei denen du oder ein anderer Mitarbeiter die zu fördernde Person beispielsweise unter seine Fittiche nimmt.

Mitarbeiterförderung wird so zu einem gelebten Prozess in deinem Unternehmen. Das bedeutet, dass du möglichst viele Gelegenheiten zur Mitarbeiterförderung und Horizonterweiterung im täglichen Arbeitsleben ergreifst. Ein jährliches Mitarbeitergespräch allein reicht längst nicht aus. Vielmehr weißt du die Wachstumschancen als kompetente Führungskraft genau dann auszukosten, wenn sie sich dir in deiner täglichen Arbeit präsentieren.

Außerdem ist es auch deshalb mit einzelnen Gesprächen oder einem einfachen Seminar nicht getan, da dies die Mitarbeiter nicht dazu anregt, ihre neu gewonnen Erkenntnisse oder Fähigkeiten in ihren Alltag einzubringen. Schließlich braucht es viel Zeit und jede Menge Übung, um verschiedene Kenntnisse wirklich zu verinnerlichen und Fähigkeiten zu meistern. Eines der wohl besten Beispiele in diesem Zusammenhang ist das Erlernen von Sprachen.

Nehmen wir an, dein Mitarbeiter spricht eine bestimmte Sprache perfekt. Wenn er diese Sprache dann 20 Jahre lang gar nicht gebraucht (weder in Wort noch in Schrift), wird er sich nach 20 Jahren unglaublich schwertun und vieles vielleicht sogar ganz vergessen haben. Natürlich besteht die Möglichkeit, einen Großteil seiner Sprachkenntnisse wieder zu aktivieren. Sinnvoller wäre es jedoch, dass dein Mitarbeiter seine Kenntnisse fortwährend nutzen kann, damit sie nicht einrosten und der sich stetig verbessern kann.

Im Rahmen der Mitarbeiterförderung bist du als Chef mitverantwortlich, dass genau das passiert. Gezielte Mitarbeiterförderung ist also ein nicht enden wollender Prozess, der dir jede Menge Engagement abverlangt. Deine Aufgabe ist es, die Mitarbeiter, die Entwicklungsbereitschaft zeigen, zu identifizieren und sie auf dem Weg, der für sie und das Unternehmen möglichst optimal ist, zu begleiten. An dieser Stelle greift im Übrigen eines der Prinzipien, auf die dieser Ratgeber bereits eingegangen ist: Schließlich gilt auch hier das

Prinzip der Win-Win-Situation für alle beteiligten Parteien.

~

Notizen

10 Abschlussbemerkungen

Wer Menschen ihr Bestes abverlangen will, muss auch das Beste in ihnen sehen und ihnen ausreichend Geduld und Raum zur Verfügung stellen, um im Laufe der Zeit über sich hinaus zu wachsen. Wie du siehst, handelt es sich bei der gelungenen, wertschätzenden Mitarbeiterführung um einen dynamischen Prozess, der dich immer wieder neu herausfordern wird. Dieser Ratgeber hat dir viele Denkanstöße mitgegeben, wie du diese Art der Führung auch in deinem Unternehmen umsetzen kannst.

Perfektion wird dabei nicht von dir erwartet. Vielmehr ist der Weg das Ziel. Je mehr du danach strebst, die wichtigsten Grundsätze aus diesem Ratgeber auch in deinem Unternehmen Realität werden zu lassen, desto besser kannst du deine Mitarbeiter führen. Sofern du dir nur einen einzigen Tipps aus diesem umfassenden Guide zu Herzen nimmst, so sollte es dieser sein: Sobald deine innere Haltung deinen Mitarbeitern gegenüber von einem hohen Maß an Wertschätzung und viel Neugier geprägt ist, wirst du tendenziell eher die Entscheidung treffen und dich deinen Mitarbeitern gegenüber so verhalten, wie es für eine gelungene Mitarbeiterführung von Nöten ist.

Indem du den Fehler auch bei dir selbst suchst und sie offen zugibst, wenn es zu Konflikten kommt, daran arbeitest, unschöne Verhaltensweisen abzulegen und dir die Eigenschaften einer erfolgreichen, wertschätzenden Führungskraft immer mehr aneignest, indem du auch die Stärken deiner Mitarbeiter anerkennst und ihnen viel zutraust, wirst du feststellen, wie dein Einfluss immer mehr steigt und dein Wort in den Ohren deiner Mitarbeiter an Gewicht gewinnt. Unabhängig davon, wie weit der Weg ist, den du als Führungskraft noch vor dir hast, hat dir dieser Ratgeber hoffentlich dabei geholfen, die folgenden erstrebenswerten Entwicklungen anzustoßen:

1. Du wirst deine Rolle als Führungskraft immer souveräner leben und mit mehr Leichtigkeit füllen
2. Du wirst die Sympathien deiner Mitarbeiter zunehmend auf deiner Seite wissen können
3. Du wirst deine Menschenkenntnis verbessern
4. Du wirst den Zugang zu anderen Menschen in Zukunft leichter finden (sowohl beruflich als auch privat)
5. Erfolgreiche Mitarbeiterführung wird dir in Fleisch und Blut übergehen, so dass du deine Führungsaufgaben immer unangestrengter meistern kannst

6. Insgesamt wird dein Berufsleben von immer mehr Erfolgen
7. geprägt sein

Ich würde mich sehr freuen, wenn dieses Buch für dich einen Mehrwert geboten hat. Sei es durch neue Einsichten, die dein Bild oder deine Einstellung von einer bis dato für dich vorherrschenden Tatsache in Frage stellen oder gar verändern, sei es das du die hier vorgestellten Techniken im Sinne der Selbstoptimierung in dein Leben integrieren möchtest, oder einfach dass dich die Thematik des Buches gepackt hat und du dich nun tiefgehender damit beschäftigen wirst.
Ein wichtige Erkenntnis auf meinem Weg der Persönlichkeitsentwicklung war die, dass es keine Zaubertechnik oder gar einen Schalter gibt, die/ der einen vom Ausgangszustand direkt zum Wunschzustand - dem gesteckten Ziel - katapultiert. Irgendwie hoffte ich immer wieder insgeheim, dass mir diese eine Technik oder die eine lebensverändernde Pille über den Weg läuft, die mich im Nu zu der Person transformieren würde, die ich gerne sein möchte. Mit dieser Einstellung habe ich Jahre meines Lebens vergeudet, einfach da ich unglücklich mit mir selbst war und dennoch nichts veränderte, da ich darauf wartete das irgendetwas passiert. Als ich erkannte, dass das regelmäßige fokussierte Dranbleiben und der

Glaube an das gewünschte Ziel der Schlüssel für wahren Erfolg sind - und ich diese neue Einsicht natürlich auch umsetzte - veränderte sich mein Leben so, wie ich es mir tatsächlich auch wünschte.
Bitte sei auch du dir dieser zentralen Tatsache bewusst, dass nichts und niemand deine eigene Persönlichkeitsentwicklung übernehmen kann. Da du absolut selbst entscheidest, wie du deine Zeit und deinen Fokus im Leben setzt, liegt es nur in deiner Hand wo deine Reise hingeht. Gehöre nicht zu den passiven Menschen, die hoffnungslos warten und somit die Verantwortung an äußere Umstände oder nicht kontrollierbare Instanzen versuchen abzugeben. Du kannst und wirst deine Ziele erreichen, wenn du die genannten Faktoren in dein Leben integrierst: Intensive und regelmäßige Arbeit, die dich deinem Ziel konstant näher bringt, sowie der Glaube, dass du es auch schaffen wirst! Habe dabei Geduld, es ist vollkommen normal das man Rückschläge erlebt oder ab und zu das Gefühl hat, dass es nicht voran geht. Jeder, der sich intensiver mit den Prozessen der Zielerreichung beschäftigt, weiß um die Kraft von Disziplin, Glaube und Geduld. Verinnerliche auch du diese Einstellung und ermögliche dir so eine zielsichere Grundlage für all deine persönlichen Vorhaben!

Hier eine sehr treffende Lebensweisheit, die Persönlichkeitstrainer immer wieder anführen:
„Die meisten Menschen überschätzen, was sie in einem Jahr erreichen können und unterschätzen, was sie in 10 Jahren erreichen können. Um wirklich sehr viel erreichen zu können, sind wirklich eingreifende Veränderungen nötig. Das braucht Zeit. Und dieses Wachstum zeigt sich unter Umständen nicht sofort, dann aber explodiert es plötzlich."

Vielleicht kanntest du schon eine oder mehrere der hier vorgestellten Techniken, oder die Informationen waren dir zum Teil nicht neu. Und wenn du erfahrener in der Thematik bist war dir womöglich sogar das Meiste davon vertraut. Doch selbst wenn es nur eine neue Information oder Technik ist, die du aus diesem Buch gewonnen hast, dann hat sich das Lesen bereits gelohnt, denn allein diese eine Sache kann auf deinem Weg der Persönlichkeitsentwicklung von entscheidender Bedeutung sein und dir letztlich ermöglichen, deinen eigenen Weg klarer zu sehen und zu wissen, wie du diesen bestmöglich bestreitest.

Ich wünsche dir von Herzen viel Erfolg!

~

Notizen

Notizen

35419165R00061

Printed in Poland
by Amazon Fulfillment
Poland Sp. z o.o., Wrocław